Camila de Oliveira Barros
Kátia E. de S. Miranda
Wagna P. C. dos Santos

Sviluppo di barrette di cereali a base di legumi

AF144325

Camila de Oliveira Barros
Kátia E. de S. Miranda
Wagna P. C. dos Santos

Sviluppo di barrette di cereali a base di legumi

L'agricoltura familiare nella produzione alimentare e la valorizzazione della cultura e delle abitudini alimentari locali

ScienciaScripts

Imprint

Any brand names and product names mentioned in this book are subject to trademark, brand or patent protection and are trademarks or registered trademarks of their respective holders. The use of brand names, product names, common names, trade names, product descriptions etc. even without a particular marking in this work is in no way to be construed to mean that such names may be regarded as unrestricted in respect of trademark and brand protection legislation and could thus be used by anyone.

Cover image: www.ingimage.com

This book is a translation from the original published under ISBN 978-620-2-04902-3.

Publisher:
Sciencia Scripts
is a trademark of
Dodo Books Indian Ocean Ltd. and OmniScriptum S.R.L publishing group

120 High Road, East Finchley, London, N2 9ED, United Kingdom
Str. Armeneasca 28/1, office 1, Chisinau MD-2012, Republic of Moldova, Europe
Printed at: see last page
ISBN: 978-620-7-24012-8

SOMMARIO

1 INTRODUZIONE

Le barrette di cereali sono considerate pratiche e forniscono benefici per la salute. Sono state introdotte sul mercato brasiliano negli anni '90. A seconda della loro composizione, possono essere una fonte di vitamine, minerali, proteine, carboidrati complessi e un alto contenuto di fibre. L'apprezzamento di abitudini alimentari più sane e la ricerca di una migliore qualità della vita da parte dei consumatori hanno fatto sì che le barrette di cereali prendessero piede nel mercato alimentare, in quanto sostituiscono altri prodotti con un valore nutrizionale inferiore (MARQUES, 2013), perché sono facili da consumare in quanto non richiedono alcuna preparazione aggiuntiva e perché sono vendute in confezioni singole (SREBERNICH, 2016).

Secondo Sousa (2014), le regioni con il maggior consumo di barrette ai cereali in Brasile sono il Sud, dove si predilige la versione al cioccolato, e il Nordest, dove predominano quelle con frutta e cereali nella composizione, rispettivamente il 24,5% e il 18% in termini di vendite. In Brasile, le barrette ai cereali erano inizialmente rivolte agli appassionati di sport estremi e, con il tempo, hanno conquistato un pubblico diverso, come donne, bambini, anziani e atleti del fine settimana (FREITAS; MORETTI, 2006, SOUSA, 2014).

A causa dell'ampia varietà di prodotti e del desiderio di soddisfare i consumatori senza danneggiare gli attributi sensoriali più popolari, sono state sviluppate nuove alternative per migliorare la qualità nutrizionale delle barrette di cereali utilizzando nuovi ingredienti alimentari (SANTOS, 2010). In questo senso, i legumi possono rappresentare un notevole potenziale come materia prima da utilizzare nella produzione di questi prodotti.

Esiste un'ampia varietà di legumi, soprattutto in termini di forma, dimensione e colore dei chicchi, e nel mercato brasiliano questa differenza è molto evidente. I chicchi di legumi sono solitamente riconosciuti e identificati come "fagioli". Un fagiolo si dice di qualità quando viene giudicato su tre punti tecnologici: commerciale, culinario e nutrizionale (CHAVES; BASSINELLO, 2014).

Presente sulle tavole dei brasiliani, anche dopo un calo dei consumi negli ultimi 40

2

anni dovuto all'aumento del consumo di prodotti industrializzati, secondo l'indagine sui bilanci delle famiglie (POF) del 2008-2009, la ricerca di alternative più adatte alle richieste dei consumatori ha portato allo sviluppo di nuovi prodotti a base di fagioli, che aggiungono valore ai cereali lavorati, offrendo così ai consumatori una maggiore praticità di consumo e prodotti semipronti (MARQUEZI, 2013).

In questo modo, l'uso di farine di mangrovie, caupi e fagioli andu nello sviluppo di barrette di cereali contribuisce a combinare diversi ingredienti con funzionalità specifiche, rendendoli nutrienti e funzionali, valorizzando la cultura e le abitudini alimentari locali, aggiungendo valore agli alimenti regionali e riducendo le perdite post-raccolta per i piccoli agricoltori.

Pertanto, lo sviluppo di barrette di cereali a partire da queste farine, facili da lavorare e da riprodurre per i piccoli agricoltori, serve come base per la creazione di nuovi prodotti, che subiscono modifiche in base alle abitudini alimentari dei consumatori a cui sono destinati.

2 L'IMPORTANZA DEI LEGUMI NELL'AGRICOLTURA FAMILIARE

2.1 AGRICOLTURA FAMILIARE

L'agricoltura familiare racchiude una grande diversità culturale, sociale ed economica e può spaziare dalla tradizione contadina alla produzione modernizzata su piccola scala. Conosciuti come piccoli produttori, piccoli agricoltori, coloni, contadini, quilombolas, coloni della riforma agraria, popoli e comunità tradizionali, tra gli altri, la loro definizione è legata al numero di dipendenti e alle dimensioni della proprietà (CRUZ et al., 2006).

Secondo l'Organizzazione delle Nazioni Unite per l'alimentazione e l'agricoltura - FAO (2014), l'agricoltura familiare consiste in un modo di organizzare la produzione agricola, forestale, ittica, pastorale e di acquacoltura che è gestita e operata da una famiglia e si basa prevalentemente sul lavoro familiare, sia di donne che di uomini.

Secondo la legge n. 11.326 del 24 luglio 2006, le caratteristiche di un agricoltore familiare sono considerate:

[...] agricoltori che non hanno una superficie superiore a 4 (quattro) moduli fiscali, che utilizzano prevalentemente la forza lavoro della propria famiglia nelle loro attività economiche, che hanno una percentuale minima del reddito familiare derivante da attività economiche, come definito dal Potere Esecutivo, e che gestiscono il loro stabilimento o la loro impresa con la propria famiglia (BRASIL, 2006).

In Brasile, il settore comprende 4,3 milioni di unità produttive (l'84% delle aziende rurali) e 14 milioni di occupati, che rappresentano circa il 74% di tutte le occupazioni distribuite su 80.250.453 ettari (il 25% della superficie totale) (EMBRAPA, 2014). Nel Nord-Est si concentra il maggior numero di agricoltori familiari, che rappresentano il 50,1% del totale nazionale (SILVA; COSTA, 2012).

Questo settore è importante in termini di assorbimento di posti di lavoro e di produzione alimentare, essendo responsabile di circa il 70% degli alimenti consumati in tutto il Brasile (MDA, 2015), rifornendo attualmente il mercato brasiliano di: manioca (87%), fagioli (70%), carne di maiale (59%), latte (58%), carne di pollame (50%) e mais (46%) (PORTAL BRASIL, 2015), oltre a essere un fattore di riduzione

4

dell'esodo rurale e una fonte di risorse per le famiglie con redditi più bassi, contribuisce in modo significativo a generare ricchezza nel Paese (GUILHOTO et al., 2007), oltre a includere nuove funzioni sociali e ambientali e persino la conservazione del paesaggio e delle tradizioni culturali (MENDES et al., 2005). L'agricoltura familiare è anche responsabile di una parte dei prodotti alimentari destinati ai pasti scolastici grazie all'incentivo fornito dalla legge n. 11.947/2009, che consente agli alunni delle scuole pubbliche di tutto il Brasile di consumare quotidianamente alimenti sani con un legame regionale (FNDE, 2017).

In questo contesto, nello Stato di Bahia, il comune di Cruz das Almas fa parte della Cooperativa di Agricoltura Familiare del Territorio del Recôncavo - COOAFATRE, che comprende anche i comuni di Sao Félix, Sao Felipe e Maragojipe, che costituiscono il Territorio del Recôncavo Baiano (SILVA; COSTA, 2012).

Le colture prodotte sono la manioca (*Manihot esculenta* C.), l'igname (*Dioscorea cayennensis* Lam.), il mais *(Zea mays* L.), le arachidi *(Arachis hypogaea L.),* i fagioli *(Phaseolus vulgaris* L.), il pane *(Artocarpus altilis*), gli ortaggi, le patate viola, le patate dolci *(Ipomoea batatas* Lam.), l'andu, il mangalô (SILVA; COSTA, 2012).

Anche la Brazilian Agricultural Research Corporation (Embrapa) sottolinea la necessità di implementare tecnologie che garantiscano una produzione agricola sostenibile e competitiva, rendendo i produttori più competitivi in un mercato globalizzato.

2.2 FAGIOLO (Famiglia delle *Fabaceae*)

Nel 2016, le Nazioni Unite hanno proclamato l'Anno internazionale dei legumi, riconoscendo il loro ruolo fondamentale come fonte di reddito per milioni di agricoltori familiari, per la sicurezza alimentare e nutrizionale, per l'adattamento al cambiamento climatico fissando l'azoto nel suolo, per la salute umana e come chiave per affrontare problemi come l'obesità e la fame (FAO, 2017).

Secondo Salvador (2015), il Brasile è il terzo produttore mondiale di fagioli, con l'11% della produzione, dietro al Myanmar con il 13% e all'India con il 14%. Per quanto riguarda i Paesi che compongono il Mercosur, il Brasile è al primo posto come maggior produttore e consumatore con circa 3,1 milioni di tonnellate all'anno (CONAB, 2015).

Se consumati insieme ai cereali, i legumi costituiscono una proteina completa, più economica di quella animale e quindi più accessibile alle famiglie con scarse risorse economiche (FAO, 2017). Una combinazione perfetta con il riso, in quanto entrambi forniscono gli aminoacidi (lisina e metionina, 3:1) che contribuiscono a formare le proteine nel corpo umano, e in quanto uno dei componenti del paniere alimentare brasiliano, la produzione nazionale di fagioli è fortemente orientata al consumo interno (IBGE, 2011). La riduzione del consumo di questo prodotto è dovuta al processo di urbanizzazione, ai cambiamenti nelle abitudini alimentari e alla maggiore richiesta di prodotti a preparazione rapida, poiché questo legume, dopo un certo tempo di conservazione, richiede più tempo di cottura, il che induce i consumatori a rifiutarlo (IBGE, 2011; RUAS, 2015).

Le caratteristiche culinarie di un fagiolo che sono desiderabili per i consumatori sono legate alla rapida idratazione, al basso tempo di cottura, alla produzione di un brodo denso, al buon sapore e alla consistenza, ai chicchi moderatamente fessurati, al guscio sottile e alla buona stabilità del colore (CHAVES; BASSINELLO, 2014).

Secondo Natabirwa, Katende e Lungaho (2014):

I fagioli sono ricche fonti di nutrienti vitali, tra cui proteine elevate (18-30%) e fibre solubili, importanti per migliorare il movimento degli alimenti nell'intestino e controllare il diabete. Inoltre, apportano ferro, zinco, acido folico, magnesio, manganese e vitamine del gruppo B. Tuttavia, i fagioli sono spesso consumati in un solo modo da quasi tutti, soprattutto a casa. Quando questa abitudine di consumo si combina con forme di preparazione illimitate, le quantità consumate raramente soddisfano i requisiti nutrizionali (NATABIRWA, KATENDE E LUNGAHO, 2014, p.(i)).

Gli studi dimostrano che, grazie all'elevata concentrazione di sostanze nutritive, i fagioli favoriscono la salute e riducono il rischio di sviluppare alcune malattie, come quelle cardiache, l'obesità e molti tipi di cancro.

La dinamica della produzione di fagioli prevede tre raccolti: la stagione umida, con raccolti concentrati nei mesi da dicembre a marzo, coltivati principalmente nel sud e

6

sud-est e nella regione di Irecè a Bahia; la stagione secca o "safrinha" nei mesi da aprile a luglio, coltivata nel nord-est e la stagione invernale, che viene offerta al mercato nei mesi da luglio a ottobre, quando i fagioli irrigati sono coltivati prevalentemente negli Stati di Minas Gerais, São Paulo, Espirito Santo, Goiàs/Distretto Federale e Bahia occidentale (FERREIRA; PELOSO; FARIA, 2003).

In Brasile sono coltivate due specie considerate socialmente ed economicamente importanti dal Ministero dell'Agricoltura, dell'Allevamento e dell'Approvvigionamento Alimentare: *Phaseolus vulgaris,* noto come fagiolo comune, e *Vigna unguiculata,* nota come fagiolo verde (MAPA, 2008). Secondo Freire Filho e Rocha (2016), i fagiolini corrispondono a baccelli prossimi alla maturità, cioè appena prima o appena dopo la fase in cui smettono di accumulare fotosintetati e iniziano il processo di disidratazione naturale. La differenza tra le specie sarà associata agli indicatori di maturazione fisiologica dei semi.

Secondo Marquezi (2013), sono pochi gli studi che mettono in relazione le diverse applicazioni tradizionali o addirittura i prodotti a base di fagioli con le caratteristiche della materia prima, fondamentale per lo sviluppo di nuovi prodotti, ponendo i fagioli in una posizione di rilievo proporzionale alla loro importante composizione nutrizionale.

Marquezi (2013) afferma che le farine di fagioli hanno caratteristiche tecnologiche come il pH neutro, la formazione di schiuma, la capacità emulsionante e la stabilità dell'emulsione, e suggerisce l'uso di queste farine nello sviluppo di nuovi prodotti.

2.2.1 Fagioli Mangaloo amari *(Lablab purpureus (L.)* Sweet*)*

Il fagiolo amaro di mangrovia (*Lablab purpurlus* (L.) Sweet) (Figure 1 e 2), noto anche come orelha-de-padre, feijao-de-pedra e lablab. Originaria dell'Africa, è coltivata principalmente nella regione del Nord-Est ed è una leguminosa dai molteplici usi, sia per l'alimentazione umana, sia come foraggio per l'alimentazione animale, sia per l'inclusione nei sistemi di agricoltura conservativa come sovescio o coltura di copertura, ed è comunemente intercrociata con il mais (BRASIL, 2015).

Figura 1: Fagioli di mangrovia amari (Lablab purpureus (L.) Sweet) su fave.

Figura 2: Fagioli di mangrovia amari *(Lablab purpureus* (L.) Sweet) trebbiati e congelati.

Attualmente, il fagiolo amaro di mangrovia (*Lablab purpurlus* (*L.*) Sweet) rientra nell'elenco degli ortaggi non convenzionali, ovvero ortaggi che un tempo erano ampiamente consumati dalla popolazione ma che, a causa dei cambiamenti nei comportamenti alimentari, sono diventati meno significativi dal punto di vista economico e sociale, perdendo spazio e quote di mercato a favore di altri ortaggi (EPAMIG, 2016).

In cucina si consumano i baccelli e i chicchi maturi. Possono essere utilizzati per arricchire insalate, zuppe e stufati, ma poiché hanno una leggera amarezza, i chicchi devono essere sbollentati prima di essere cucinati (BRASIL, 2015).

Secondo Rubatzky e Yamaguchi (1997), la composizione nutrizionale dei semi di *lablab in natura* contiene 100 g di parte edibile: acqua 87 g, calorie 193 kJ (46 kcal), proteine 2,9 g, lipidi 0,45 g, carboidrati 2,9 g, fibre 1,5 g, Ca 0,6 mg, Mg 37 mg, P 59mg, Fe 1,2 mg, vitamina A 210 mg, tiamina 0,9 mg, riboflavina 0,08 mg, niacina

0,6 mg e acido ascorbico 11 mg.

2.2.2 Cowpea (*Vigna unguiculatra* (L.) Walp)

Il fagiolo caupi (*Vigna unguiculata* (L.) Walp) (Figure 3 e 4), noto anche come feijao-de-corda, feijao-verde, feijao-caupi, caupi, feijao-macàçar (macassar), feijao-fradinho, fradinho e vigna, trepa-pau, feijao gurutuba, feijao catador, feijao-de-praia, si distingue secondo Lima et al, (2004) come una delle principali colture del nord-est e del nord del Paese, è stata introdotta in Brasile dagli spagnoli e dagli schiavi.

Coltivato nell'Africa tropicale, in Sud America e in Asia, questo tipo di fagiolo è l'alimento base di molte popolazioni rurali grazie al suo alto valore nutrizionale, in termini di proteine ed energia, e alla sua facilità di adattamento a terreni a bassa fertilità e a periodi di siccità prolungata. A Bahia, è ampiamente utilizzato nella preparazione dell'acarajè, un alimento tipico dello Stato (BRASIL, 2015).

Secondo Freitas (2011) i principali Stati produttori nel Nord-Est sono: Cearà, Bahia, Piaui, Pernambuco, Paraiba, Rio Grande do Norte e Maranhao e nel Nord: Amapà, Parà, Rondônia e Roraima, la cui produzione è destinata al consumo interno ed è di grande importanza come alimento e per generare reddito per l'agricoltura familiare.

Figura 3: Fagioli caupi (*Vigna unguiculatra* (L.) Walp) su fave.

Fonte: Autori

Figura 4: Fagioli Caupi (*Vigna unguiculatra* (L.) Walp) congelati.

9

Secondo Embrapa (2002), il cowpea (*Vigna unguiculata* (L.)) è un'eccellente fonte di proteine (23%-25% in media) e possiede tutti gli aminoacidi essenziali, carboidrati (62% in media), vitamine e minerali, oltre a essere ricco di fibre alimentari, povero di grassi (2% di contenuto lipidico in media) e privo di colesterolo (Tabella 1).

Tabella 1: Caratteristiche agronomiche alimentari del cowpea (*Vigna unguiculata* (L.)).

		In 100g (TACO)
Proteine	23% - 25%	20,2 g
Carboidrati	62%	61,2 g
Grassi	2%	2,4 g
Colesterolo	0%	NA
Calorie	323 - 339 kcal/100g (TACO, 2006, FROTA et al., 2008)	
Indice glicemico	Basso, 36/100 Glucosio	-

Fonte: modificato da GÓES, CAVALCANTE, 2013.

Con un mercato regionale, la commercializzazione dei caupi è limitata ai grani essiccati, ai grani verdi (idratati) e ai semi. Esistono già alcune iniziative per la trasformazione industriale dei caupi per produrre farina e prodotti precotti e surgelati (RIBEIRO, 2002). La farina di semi di anacardio è utilizzata in alimenti arricchiti come biscotti e rocamboles, perché ha una buona accettabilità e stabilità e un elevato contenuto proteico (FROTA et al., 2010).

2.2.3 Fagioli Andu (*Cajanus cajan* (L) Huth)

Il fagiolo andu (*Cajanus cajan* (L) Huth), figure 5 e 6, ha molti usi e si trova soprattutto nei cortili di molte città di campagna. Ha un alto contenuto proteico e livelli significativi di calcio, ferro, magnesio e fosforo (Tabella 2) (AZEVEDO; RIBEIRO; AZEVEDO, 2007). Conosciuto come feijao-andu, andu, guando, guandeiro, cuandu, feijao-cuandu, feijào-de-àrvore, ervilha-de- angola, ervilha-de sete-anos, ervilha-do-congo. È stata introdotta in Brasile e nelle Guianas sulle rotte degli schiavi provenienti dall'Africa (BRASIL, 2015).

Figura 5: Fagioli Andu (*Cajanus cajan* (L) Huth) in fave.

Fonte: Autori

Figura 6: Fagioli Andu (*Cajanus cajan* (L) Huth) trebbiati e congelati.

Fonte: Autori

Poiché i suoi chicchi verdi sono molto appetibili, è stato utilizzato come sostituto dei piselli e viene preparato con la carne, i farofa o i soffritti. Possono anche essere conservati in salamoia o congelati (BRASIL, 2015). Grazie alle sue proprietà funzionali di solubilità proteica in funzione del pH, capacità di assorbimento di acqua e olio, capacità di formazione di gel e di emulsione e stabilità, è raccomandato per l'uso in prodotti da forno e dolciari (MIZUBUTI, et al., 2000).

Esistono diverse applicazioni per la coltura del fagiolo Andu. Secondo Azevedo,

11

Ribeiro e Azevedo (2007):

[...] può essere utilizzata per gli scopi più disparati: come pianta miglioratrice del suolo, nel recupero di aree degradate, come pianta da fitorimedio, nel rinnovamento dei pascoli, nell'alimentazione degli animali domestici e del bestiame, ampiamente utilizzata anche nell'alimentazione umana (AZEVEDO, RIBEIRO E AZEVEDO, 2007, p. 82).

Tabella 2: Analisi nutrizionale in 100 g di colombo (*Cajanus cajan* (L) Huth)

Energia	Proteine	Lipidi	Carboidrati	Fibre	Calcio	Fosforo
344(Kcal)	19(g)	2,1(g)	64(g)	21,3(g)	3,5(mg)	269(mg)
Ferro	Retinolo	Vit. B1	Vit. B2	Niacina	Vit. C	
1,9 (mg)	NA	1,06 (mg)	Tr	2,7 (mg)	1,5 (mg)	

Fonte: TACO (2011); Brasile (2015)

La Guida alimentare per la popolazione brasiliana (Brasile, 2014) sottolinea che l'alternanza tra diversi tipi di fagioli e altri legumi amplifica l'apporto di nutrienti, apportando nuovi sapori e diversità alla dieta e, poiché hanno un elevato contenuto di fibre e una moderata quantità di calorie per grammo, conferiscono a questi alimenti un elevato potere saziante, evitando così il consumo di cibo in eccesso. Inoltre, i prodotti a base di fagioli rappresentano un'alternativa per le persone che seguono diete speciali (senza glutine, vegetariane, ecc.), fornendo una varietà di nutrienti.

3 BARRETTE DI CEREALI

3.1 BARRETTA AI CEREALI: UNA TENDENZA?

Le barrette di cereali sono consumate quasi sei volte di più rispetto a otto anni *fa* (DEGÀSPARI; BLINDER; MOTTIN, 2008). Classificate come "snack", sono definite come piccoli pasti leggeri o sostanziosi (SAMPAIO, 2009). A seconda della loro composizione, in termini di potere calorico, le barrette di cereali non sono consigliate come sostituto dei pasti principali, ma dovrebbero essere consumate come spuntino, merenda o cena.

In commercio esistono diversi tipi di barrette ai cereali: quelle convenzionali (barrette fibrose); le sostitutive del pasto, create appositamente per chi vuole perdere peso, la cui formulazione mira a mantenere un equilibrio nutrizionale completo, essendo sostitutive dello spuntino mattutino o pomeridiano; le barrette energetiche e proteiche consigliate in particolare agli sportivi e agli atleti; le dietetiche (senza zucchero) e le light, con una riduzione di almeno il 25% di qualche nutriente specifico e infine le barrette ai cereali con semi, ricche di acidi grassi mono- e polinsaturi (LOUIZE, 2016).

Esistono diverse definizioni di barrette ai cereali, secondo Sampaio (2009), Guimaraes e Silva (2009), Gutkoski et al. (2007) tra gli altri, sono alimenti ottenuti compattando o estrudendo un impasto di cereali o una miscela di ingredienti secchi (cereali o biscotti, cornflakes, fiocchi di riso, avena) con un agente legante (o sciroppo legante), contenenti frutta secca (disidratata), con o senza frutta a guscio, con o senza copertura di cioccolato e aromi che conferiscono al prodotto finale caratteristiche tecnologiche distinte. Si tratta di una particolare categoria di prodotti dolciari, solitamente di forma rettangolare, venduti in singole unità per il consumo da parte di una singola persona.

Le barrette di cereali sono multicomponente e possono essere molto complesse nella loro formulazione. Tutti gli ingredienti costitutivi vengono combinati per garantire sapore, consistenza e proprietà fisiche caratteristiche (GUTKOSKI et al., 2007).

Secondo gli studi di Degâspari; Blinder; Mottin (2008), i maggiori consumatori di barrette ai cereali sono donne e l'età dei consumatori di entrambi i sessi è inferiore ai 44 anni. Gli studi mostrano anche che si tratta di un prodotto dal prezzo relativamente alto, che viene consumato meno dalle persone con un reddito più basso e può essere considerato un prodotto d'élite.

3.2 INGREDIENTI DI BASE

Esiste un'ampia varietà di ingredienti che possono essere utilizzati per la produzione di barrette di cereali, cercando di mettere in relazione il prodotto con i benefici per la salute, come ad esempio: proteine testurizzate, germe di grano e avena, integrati con vitamina C ed E, contenenti scarti della produzione di farina di manioca e frutto giallo della passione, che presentano funzioni specifiche e/o funzionali, modificandosi a seconda della composizione di ciascuno e del sapore (SANTOS, 2010).

- **Cereali**

I cereali sono semi o grani commestibili della famiglia delle *Graminacee,* come: grano, riso, segale, avena. Sono alimenti di base e svolgono importanti funzioni, essendo fonti di energia, carboidrati, proteine (6-15%), fibre, vitamina E, vitamine del gruppo B, magnesio, zinco e sostanze bioattive per i Paesi sviluppati e in via di sviluppo (BRIGID MCKEVITH, 2004).

Presenti nella maggior parte delle barrette di cereali, i fiocchi di riso sono sottoprodotti della lucidatura del riso integrale mediante la tecnica dell'estrusione termoplastica con o senza l'aggiunta di altri ingredienti. L'estrusione provoca la gelatinizzazione dell'amido, la denaturazione delle proteine e la formazione di complessi tra amidi, lipidi e proteine (TRAMUJAS, 2015). I fiocchi di riso sono croccanti e hanno effetti funzionali che li rendono utili per l'uso nei prodotti alimentari grazie al loro effetto antiossidante, neutralizzando il rilascio di radicali liberi durante l'esercizio fisico intenso e contribuendo al rilascio di endorfine, che danno una sensazione di benessere (GUTKOSKI; TROMBETTA, 1999).

Multifunzionale, l'avena (*Avena sativa* L) è un'eccellente fonte di proteine (dal 12 al 14%), lipidi (acido iinoleico essenziale), antiossidanti (tocoferolo, acidi fenolici e derivati), vitamine del gruppo B, calcio, ferro, con un elevato contenuto di fibra alimentare e β-glucano (AHMAD et al., 2014). Essendo uno degli ingredienti principali delle barrette di cereali (SAMPAIO, 2009), l'avena contribuisce alla stabilità, al sapore, all'aumento del contenuto di fibre dei prodotti alimentari, nonché ad altre proprietà funzionali e bioattive (AHMAD et al., 2014).

L'avena è più comunemente commercializzata sotto forma di fiocchi (TRAMUJAS, 2015). I β-glucani, presenti nell'avena (*Avena sativa* L), hanno proprietà legate alla viscosità, come l'aumento della viscosità dei fluidi intestinali; combinati con l'insulina possono sostituire i grassi, nell'industria alimentare sono ampiamente considerati con il duplice scopo di aumentare il contenuto di fibre dei prodotti alimentari e di migliorarne le proprietà salutistiche (AHMAD et al., 2014).

• **Farina**

Secondo la Risoluzione RDC n. 263 del 22 settembre 2005, le farine sono prodotti ottenuti da parti commestibili di una o più specie di cereali, legumi, frutti, semi, tuberi e rizomi mediante macinazione e/o altri processi tecnologici considerati sicuri per la produzione alimentare.

Il contenuto di umidità della farina influenza direttamente la sua qualità e quella del prodotto finale. L'umidità massima dei cereali consentita in Brasile è del 13% (BRASIL, 2001) e, secondo la legislazione brasiliana, il limite massimo di umidità per la farina di grano è del 15% (BRASIL, 2005). Lo sviluppo di farine a base di legumi può fornire un arricchimento nutrizionale agli alimenti tradizionalmente disponibili sul mercato.

• **Banana sultanina**

Nelle barrette di cereali, l'uso di frutta secca o essiccata contribuisce a migliorare il profilo di fibre solubili e insolubili del prodotto e ne favorisce le proprietà tecnologiche e funzionali (GUIMARÃES; SILVA, 2009; MUNHOZ, 2013).

L'essiccazione della frutta, o produzione di uva sultanina, è una pratica utilizzata per utilizzare le eccedenze di produzione che, oltre ad aggiungere valore al prodotto, ne prolungano la vita utile e possono essere conservate e commercializzate al di fuori della stagione del raccolto. Si ottiene perdendo parzialmente l'acqua dai frutti maturi, interi o in pezzi, utilizzando processi tecnologici appropriati (PIOVESANA, 2011).

Nelle barrette di cereali, le banane passate vengono utilizzate per esaltare il sapore, aumentare il contenuto di fibre e modificare il contenuto energetico (GUIMARÂES; SILVA, 2009).

• **Zuccheri**

Lo zucchero è un elemento fondamentale della cultura brasiliana. Esistono diversi tipi e modi di consumarlo, sia aggiunto agli alimenti che alle preparazioni culinarie. Lo zucchero cristallino si presenta sotto forma di grandi cristalli trasparenti leggermente raffinati (OETTERER; SARMENTO, 2006). Nella preparazione dello sciroppo, responsabile dell'agglomerazione degli ingredienti solidi e anche del sapore dolce, l'utilizzo del solo saccarosio può dare luogo a un prodotto secco, duro e granuloso, a causa del suo limite di solubilità di circa il 67% (GALLI et al., 1996).

Lo zucchero invertito prende il nome dall'inversione del potere ottico della soluzione con l'aggiunta di acido, un metodo più antico ed economico. L'acido (il catalizzatore della reazione) provoca la rottura del legame glicosidico del saccarosio, formando glucosio e fruttosio. Una soluzione di saccarosio fa ruotare la luce piano-polarizzata verso destra (direzione positiva) e, quando il saccarosio viene idrolizzato dall'acido o dagli enzimi in zuccheri riducenti, la luce piano-polarizzata ruota verso sinistra (direzione negativa) (PODADERA, 2007).

L'acido utilizzato per produrre lo zucchero invertito è l'acido citrico ricavato dal succo di limone e altri frutti, dall'aceto e dal cremor tartaro, la cui azione è accelerata dall'ebollizione (FILIPPI, 2014).

Lo zucchero invertito è uno zucchero naturale che ha una capacità dolcificante superiore di circa il 70% rispetto al saccarosio, ha proprietà antiossidanti, è più resistente alla contaminazione microbiologica, ha un'elevata igroscopicità e una minore viscosità, è resistente alla cristallizzazione e può essere conservato ad alte concentrazioni (80%). Questo zucchero elimina la necessità di pastorizzazione, dissoluzione dello zucchero e filtrazione e stimola la reazione di Maillard (ALMEIDA, 2003).

La maltodestrina è definita dalla *Food and Drug Administration* (FDA) negli Stati Uniti come un polimero saccaridico non zuccherato e nutriente, costituito da unità di D-glucosio legate principalmente da legami α(1-4) e con un destrosio equivalente (DE) inferiore a 20. Si prepara come polvere bianca fine o soluzione concentrata idrolizzando parzialmente l'amido di mais, l'amido di patata o l'amido di riso con acidi ed enzimi sicuri e adeguati. Si prepara come polvere bianca fine o soluzione concentrata idrolizzando parzialmente l'amido di mais, l'amido di patata o l'amido di riso con acidi ed enzimi sicuri e adatti.

Oltre a essere un agente addensante, nell'industria alimentare la maltodestrina favorisce l'essiccazione a spruzzo, agisce come sostituto dei grassi, come film former, nel controllo del congelamento, per prevenire la cristallizzazione e come integratore nutrizionale utilizzato come risorsa ergogenica per chi pratica attività fisica (COUTINHO, 2007).

La combinazione di questi zuccheri nelle barrette di cereali è responsabile del legame dei cereali, della loro umidità e del loro sapore (MAESTRI; FERREIRA; PASQUALLI; 2012).

- **Lecitina di soia**

La lecitina di soia è un fosfolipide utilizzato come emulsionante naturale, agente stabilizzante, emolliente e come forma di schiuma stabile nella produzione alimentare (AMARAL, PEALEZ, LIMA, 2011). Grazie alla sua struttura chimica composta da una miscela di 21% di fosfatidilcolina, 22% di loslatidiletanolamina, 19% di loslatidil inositolo, combinata con altre sostanze come trigliceridi, acidi grassi e carboidrati (FRAGON, 2016), può essere solubilizzata in soluzioni polari e apolari, il che rende questo ingrediente molto versatile.

17

Nelle barrette di cereali, la lecitina di soia agisce come agente legante, aiutando a mescolare e far interagire i componenti della farina e gli altri ingredienti, migliorando il volume e la consistenza (FOOD INGREDIENTS BRASIL, 2013).

- **Cloruro di sodio**

La Società Brasiliana dell'Ipertensione e l'Organizzazione Mondiale della Sanità (Gowdak, 2018) raccomandano un apporto giornaliero di sodio pari a 2000 mg di sodio/giorno, che equivale a 5 grammi di cloruro di sodio/giorno. Il cloruro di sodio è utilizzato nell'industria alimentare come conservante ed esaltatore di sapidità (TRAMUJAS, 2015). Viene utilizzato nelle barrette di cereali per aggiungere sapore.

- **Olio di soia**

Di colore chiaro e sapore delicato, l'olio di soia, noto come olio da cucina o da insalata, contiene grandi quantità di acidi polinsaturi, antiossidanti e pigmenti naturali e sintetici aggiunti, è usato come emulsionante e ha proprietà stabilizzanti grazie ai suoi composti (HAMMOND et al., 2005).

Viene aggiunto alle barrette di cereali per conferire morbidezza e lucentezza, proteggendo i cereali dall'umidità grazie alla formazione di una pellicola sulla superficie (MAESTRI; FERREIRA; PASQUALLI; 2012).

4 PROCESSO DI PRODUZIONE DELLE BARRE E PRODOTTO FINALE

Questo studio quantitativo, sperimentale, esplorativo e descrittivo si è basato sui dati del progetto di ricerca della Rete Scientifica e Tecnologica per gli Studi di Biodisponibilità degli Alimenti (REBIAL).

La ricerca è stata condotta nei laboratori di Tecnologia sperimentale e nutrizione, Analisi sensoriale, Analisi chimica e Bromatologia del Dipartimento di Scienze della vita (DCV) dell'Università statale di Bahia (UNEB), campus I, Salvador.

4.1 Materie prime

I campioni di fagioli mangalô, caupi e andu sono stati ottenuti da agricoltori familiari della città di Cruz das Almas, Bahia, e conservati congelati nel laboratorio di Tecnologia Sperimentale e Nutrizione della DCV - UNEB. Gli altri ingredienti (fiocchi di riso, fiocchi di avena, uva sultanina, zucchero cristallino, maltodestrina, sale, olio di soia, lecitina di soia e acido citrico) utilizzati per la produzione delle formulazioni sono stati reperiti in negozi locali di Salvador-BA.

Lo zucchero invertito utilizzato nella formulazione come uno degli ingredienti della soluzione legante è stato prodotto nel laboratorio di Tecnologia Sperimentale e Nutrizione del DCV dell'UNEB.

4.1.1 Preparazione dello zucchero invertito

Lo zucchero invertito è stato sviluppato nel laboratorio di Tecnologia sperimentale e nutrizione del DCV dell'UNEB a partire da una miscela di zucchero raffinato, acqua e acido citrico. La miscela è stata fatta bollire a fuoco lento, raggiungendo una temperatura massima di 114°C per 20 minuti, durante i quali la miscela non è stata agitata, in quanto ciò avrebbe aumentato il rischio di cristallizzazione.

Dopo aver raggiunto la temperatura ambiente, lo zucchero invertito è stato conservato in un barattolo di vetro e chiuso ermeticamente.

4.1.2 Lavorazione delle materie prime

Le formulazioni sono state sviluppate attraverso test preliminari nel laboratorio di Tecnologia Sperimentale e Nutrizione del DCV dell'UNEB, utilizzando una formulazione base di barretta di cereali. Sono state preparate tre formulazioni di barrette di cereali con l'aggiunta di diverse quantità di farina di semi di mucca (FFC), farina di semi di mango (FFM) e farina di semi di mandu (FFA), variando le proporzioni tra gli ingredienti, al fine di studiare gli effetti della presenza di queste farine sulle caratteristiche organolettiche e sul potenziale nutrizionale delle barrette di cereali sviluppate.

4.1.3 Processo di produzione e formulazioni

Di seguito verranno descritte le fasi del processo di produzione di barrette a base di fagioli mangala, andu e caupi con concentrazioni equivalenti. In primo luogo, si parlerà della lavorazione della materia prima, in particolare dell'ottenimento della farina di fagioli da incorporare nella formulazione delle barrette.

Per formulare le barrette di cereali (Tabella 3), gli ingredienti sono stati divisi in due gruppi: gli ingredienti secchi (fiocchi di avena, fiocchi di riso, farina di fagioli e uva sultanina) e gli ingredienti umidi (olio di soia, zucchero cristallino, acqua, maltodestrina, sale, lecitina di soia e zucchero invertito). Il costo di produzione delle barrette di cereali è stato preso in considerazione scegliendo ingredienti a basso costo, sottolineando l'importanza di sviluppare un prodotto accessibile agli agricoltori familiari.

Le fasi di lavorazione delle farine di fagioli di mangrovia amari (FM), fagioli caupi (FC) e fagioli andu (FA) sono state seguite secondo il diagramma di flusso (Figura 7).

Figura 7: Fasi del processo di produzione delle farine FM, FC, FA.

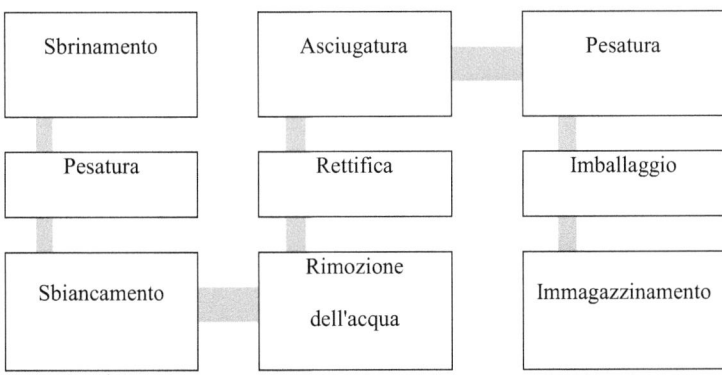

Sbrinamento	Asciugatura	Pesatura
Pesatura	Rettifica	Imballaggio
Sbiancamento	Rimozione dell'acqua	Immagazzinamento

I campioni congelati di mangrovia, caupi e fagioli andu sono stati sottoposti a un processo di scottatura, che consiste nell'immergere il prodotto per 5 minuti in acqua a una temperatura di 95-100°C (LIMA, et al., 2004), scolare l'acqua calda e immergerlo in acqua fredda. Una volta eliminata l'acqua, il prodotto è stato macinato in un frullatore (Figura 8) ed essiccato in forno a una temperatura massima di 160°C (Figura 9), ripetendo il processo di macinazione ed essiccazione fino a ottenere la farina (Figura 10).

Figura 8: Fagioli di mangrovia amari (*Lablab purpureus* (L.) Sweet) macinati in un frullatore prima dell'essiccazione.

Figura 9: Fagioli di mangrovia amari (*Lablab purpureus* (L.) Sweet) macinati in un frullatore ed essiccati in un forno domestico.

Fonte: Autori.

Figura 10: Farina di fagioli di mangrovia amari (*Lablab purpureus* (L.) Sweet).

Fonte: Autori

Tabella 3. Ingredienti secchi e leganti utilizzati nella formulazione di base delle barrette di cereali da FFM, FFC, FFA.

Ingredienti	Massa (g)[1]			Percentuale
	BFFM	BFFC	BFFA	
Fiocchi di riso	31,28			19,1
Fiocchi d'avena	28,15			17,2
Farina di fagioli	34,4			21
Banana sultanina	70			42,7
Totale ingredienti secchi	*163,84*			*100*
Zucchero invertito liquido	80			55,8
Zucchero cristallino	15			10,5
Lecitina di soia	1,92			1,3

Olio di soia	18,24	12,7
Il sale	1,37	0,9
Maltodestrina	10,45	7,3
Acqua	16,5	11,5
Totale giganti	*143,48*	*100*

BFFM: barretta di cereali con farina di fagioli di mangrovia amari;

Barretta di cereali alla farina di fagioli BFFCCaupi;

BFFA: barretta di cereali alla farina di fagioli Andu.

Fonte: Autori

Le formulazioni sono state sviluppate seguendo le fasi descritte nel diagramma di flusso del processo ottimizzato riportato nella Figura 11:

Figura 11: Diagramma di flusso delle fasi di formulazione di barrette di cereali da FFM, FFC, FFA.

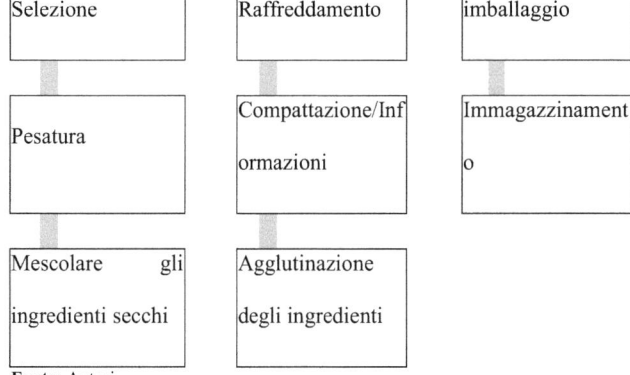

Fonte: Autori

Le fasi del processo di produzione sono descritte in dettaglio di seguito:

1. Selezione: le materie prime sono state selezionate in base ad aroma, colore, consistenza, integrità dell'imballaggio e data di scadenza;

2. Pesatura: le materie prime sono state pesate e porzionate;

3. Mescolare gli ingredienti secchi: fiocchi d'avena, fiocchi di riso, farina di fagioli mangalô o andu o caupi, banana disidratata e uva sultanina.

4. Agglutinazione degli ingredienti: le materie prime per lo sciroppo (zucchero

23

liquido invertito, acqua, zucchero cristallino, maltodestrina, olio di soia) sono state mescolate e sciolte sul fuoco fino all'ebollizione, in modo che lo sciroppo rimanesse omogeneo, tolto dal fuoco e aggiunto alla lecitina di soia, al sale e all'uva sultanina di banana, rimesso sul fuoco fino a raggiungere una temperatura massima di 105°, mescolando, tolto dal fuoco e aggiunto alla miscela di ingredienti secchi.

5.   Compattazione e modellazione: il prodotto è stato compattato e collocato in stampi rettangolari (Figura 12);

6.   Raffreddamento: dopo aver acquisito una consistenza caratteristica, l'impasto è stato tagliato in barre rettangolari;

7.   Confezionamento: le barrette di cereali sono state confezionate in una pellicola con cornice metallica.

8.   Conservazione: le barrette di cereali sono state conservate a temperatura ambiente e in luoghi asciutti e appropriati.

Figura 12:   Forma e compattezza delle barrette di cereali con farina di fagioli di mangrovia.

Fonte: Autori

5 CARATTERIZZAZIONE DEI PRODOTTI FINALI

5.1 Metodi di analisi chimica e sensoriale

Per caratterizzare i prodotti vengono effettuate analisi fisico-chimiche e sensoriali. Di seguito sono descritti i metodi e le procedure utilizzati per effettuare le analisi di laboratorio.

5.1.1 Analisi chimiche della barretta di cereali

La composizione chimica è stata analizzata secondo i metodi dell'Istituto Adolfo Lutz - IAL e AOAC. L'analisi dell'umidità è stata effettuata mediante essiccazione diretta in forno a 105°C, le ceneri totali: incenerendo il prodotto a una temperatura di 500-550°C in un forno a muffola, i lipidi con il metodo Soxhlet, le proteine con il metodo Kjeldahl, le fibre con il metodo della detergenza acida, i carboidrati per differenza. E determinazione del valore energetico totale: secondo i fattori di conversione ATWATER: 4 kcal g^{-1} per le proteine, 4 kcal g^{-1} per i carboidrati e 9 kcal g^{-1} per i lipidi (BRASIL, 2005), delle formulazioni di barrette di cereali realizzate con FFC, FFM e FFA.

5.1.2 Analisi sensoriale delle barrette di cereali

L'analisi sensoriale delle barrette di cereali a base di farina di mangalô, caupi e fagioli andu è stata realizzata nel Laboratorio di Analisi Sensoriale del DCV-UNEB. Hanno partecipato 60 consumatori, di entrambi i sessi, con o senza contratto di lavoro con l'istituzione. Per la realizzazione dei test sensoriali, questo studio è stato approvato dal Comitato Etico n. 1.145.758. A ciascun assaggiatore è stato consegnato il "Modulo di consenso informato" (Appendice A) e la scheda di valutazione del prodotto (Appendice B), in cui è stato presentato lo scopo dell'analisi ed è stato richiesto il consenso alla partecipazione. La scheda è stata presentata in due copie, una per l'assaggiatore e l'altra per il controllo della ricerca.

L'analisi è stata effettuata in un luogo appropriato, alla luce naturale, con 03 campioni (uno per ogni trattamento in studio) e presentati agli assaggiatori su piatti monouso, debitamente codificati con numeri a tre cifre scelti a caso. Al campione è stata offerta anche acqua minerale a temperatura ambiente.

L'accettabilità è stata valutata in termini dei seguenti attributi: aspetto, qualità complessiva, aroma, sapore e consistenza, utilizzando il test di accettazione su scala edonica a nove punti, strutturato verbalmente. Lo stesso modulo comprendeva una scala per valutare l'atteggiamento del consumatore in un'ipotetica situazione di acquisto.

5.1.3 Analisi statistica

I dati ottenuti dalle determinazioni chimiche e dalla valutazione sensoriale sono stati sottoposti all'analisi della varianza (ANOVA), adottando un livello di significatività del 5% ($P \leq 0,05$) e il contrasto tra le medie mediante il test di Tukey, utilizzando il *software* SAS versione 9.1.

5.2 Caratterizzazione dei prodotti finali

5.2.1 Composizione centesimale

I risultati relativi alla composizione centesimale delle barrette di cereali analizzate sono riportati nella Tabella 4.

Tabella 4: Risultati della composizione centesimale delle barrette di cereali di FFC, FFA, FFM.

PARAMETRI	FORMULAZIONI		
	BFFC	BFFA	BFFM
UMIDITÀ	$12,79 \pm 0,21^{a}$	$12,83 \pm 0,66^{a}$	$12,77 \pm 0,21^{a}$
GRIGIO	$2,16 \pm 0,36^{a}$	$2,45 \pm 0,23^{a}$	$2,11 \pm 0,31^{a}$
LIPIDI	$8,64 \pm 0,87^{a}$	$8,58 \pm 1,63^{a}$	$11,61 \pm 3,41^{a}$
PROTEINE	$5,99 \pm 0,47^{a}$	$6,18 \pm 0,42^{a}$	$6,34 \pm 0,16^{a}$
FIBRE	$2,93 \pm 1,61^{a}$	$2,93 \pm 0,06^{a}$	$1,10 \pm 0,13^{a}$
CARBOIDRATI[4]	$67,30 \pm 1,62^{a}$	$67,22 \pm 1,99^{a}$	$66,07 \pm 3,46^{a}$

[1] I valori sono medi ± deviazione standard.

[2] Le medie seguite dalle stesse lettere nelle colonne non differiscono secondo il test di Tukey a un livello di significatività del 5% (p≤0,05).

[3] BFFC = barretta di farina di fagioli caupi, BFFA = barretta di farina di fagioli andu, BFFM = barretta di farina di fagioli di mangrovia. 4Contenuto di carboidrati ottenuto per differenza.

Fonte: Autori

Sulla base di questi dati, possiamo affermare che le barrette di cereali FFC, FFA e FFM non hanno mostrato differenze significative ($p < 0,05$) in relazione ai parametri osservati.

La Tabella 4 mostra che il contenuto di umidità delle formulazioni è inferiore al 15%, limite stabilito dalla Delibera CNNPA n. 12 del 1978 per i prodotti cerealicoli e derivati, consentendo una maggiore conservabilità dei prodotti, garantendo la consistenza, la stabilità chimica e microbiologica delle barrette di cereali (LEAL et al., 2013). Tuttavia, secondo Cecchi (2007) il contenuto di umidità dei cereali dovrebbe essere inferiore al 10%. Nello studio di Sousa et al. (2012), il contenuto di umidità riscontrato è stato del 10,88% e 11,28% nelle formulazioni di barrette di cereali a base di FFC.

I contenuti di umidità riscontrati nella FFC analizzata in altri studi sono stati (11,61 e 11,85 g $100g^{-1}$), risultati vicini a quelli riscontrati in uno studio di Santos et al. (2009) con la farina di fagioli comuni (11,7 g $100g^{-1}$) e inferiori a quelli ottenuti analizzando la farina di fagioli comuni crudi (17,60 g $100g^{-1}$) e la farina di cowpea (14,3-15,8 g $100g^{-1}$) (GOMES et al, 2006; GOMES et al., 2012; LEAL et al., 2013).

I valori delle ceneri totali nei cereali, che sono correlati al contenuto minerale dell'alimento, sono in linea con Cecchi (2007) e possono variare dallo 0,3 al 3,3%, indicando che le barrette di cereali qui sviluppate hanno una buona presenza di minerali.

Secondo la Tabella 4, i valori trovati per i lipidi sono superiori a quelli raccomandati da Cecchi (2007), che vanno dal 3% al 5%, e simili a quelli trovati da Sousa et al. (2012). Tuttavia, i valori riscontrati rientrano nell'intervallo del contenuto lipidico dei prodotti convenzionali presenti sul mercato, dal 4,0 al 12,0% (FREITAS, MORETTI, 2006).

Tutte le barrette presentavano una concentrazione di fibra grezza inferiore rispetto ai valori pubblicati in alcune delle pubblicazioni consultate. Questa variazione può essere attribuita alle perdite dovute all'idrolisi nel metodo utilizzato e alla frazione insolubile della fibra nei fagiolini, che rappresenta circa il 75%, con i prodotti meno maturi che presentano una quantità inferiore di fibra (SALGADO et al., 2005). La fibra grezza non ha alcun valore nutrizionale, ma fornisce lo strumento necessario per i movimenti peristaltici dell'intestino; il contenuto di fibra grezza nei cereali e nei prodotti a base di cereali varia dallo 0,00 al 2,2% (CECCHI, 2007).

Il campione di barrette di cereali FFC aveva un contenuto proteico inferiore rispetto alle barrette di cereali sviluppate nello studio di Sousa et al. (2012), con formulazioni contenenti il 5,25% e il 7,5% di FFC. Tuttavia, nello studio di Sousa et al. (2012), l'aumento della concentrazione proteica può essere dovuto al fatto che gli ingredienti secchi contenevano biscotti alla farina di mais, che possono contenere latte.

I contenuti di carboidrati sono stati ottenuti per differenza, 67,30%, 67,22%, 66,07%, rispettivamente per BFFC, BFFA, BBFM. Erano simili a quelli trovati in letteratura.

La tabella 5 mostra il Valore Energetico Totale (TEV) delle barrette di cereali sviluppate.

Tabella 5: Valore energetico totale (kcal 100g^{-1}) delle barrette di cereali FFC, FFA e FFM.

POTERE CALORIFICO TOTALE	
BFFC	382,64 kcal
BFFA	382,54 kcal
BFFM	398,53 kcal

Fonte: Autori

Le formulazioni di barrette di cereali FFC, FFA e FFM sviluppate avevano un valore energetico moderato (da 1,5 a 4 kcal g^{-1}), secondo la classificazione dei *Centers for Disease Control and Prevention (2005)*, attribuito principalmente alla quantità di lipidi e carboidrati presenti nei campioni, a causa dell'alta percentuale di uva sultanina e di zuccheri utilizzati come leganti. Queste barrette di cereali possono essere un'alternativa per chi ha bisogno di una dieta ipercalorica.

5.2.2 Analisi sensoriale

Le medie ottenute dall'analisi sensoriale, sottoposte all'analisi della varianza, per ciascuna delle formulazioni e per i cinque attributi analizzati (aspetto, aroma, sapore, consistenza e qualità complessiva) sono riportate nella Tabella 6.

Tabella 6: Punteggi medi ottenuti per gli attributi sensoriali e rispettive deviazioni standard delle barrette di cereali FFC, FFA, FFM.

FORMULAZIONI[3]	ASPETTO	AROMA	GUSTO	TESTO	QUALITÀ GLOBALE
FFC	$6,50\pm1,59^a$	$5,42\pm1,57^a$	$6,15\pm1,58^a$	$6,52\pm1,08^a$	$\mathbf{6,23\pm1,10^b}$
FFA	$6,38\pm1,32^a$	$5,58\pm1,38^a$	$\mathbf{5,58\pm1,42^b}$	$6,48\pm1,16^a$	$\mathbf{5,83\pm1,05^{b,a}}$
FFM	$6,37\pm1,55^a$	$5,42\pm1,47^a$	$6.13\pm1,93^a$	$6,53\pm1,25^a$	$6,35\pm1,25^a$

[1] I valori sono: media ± deviazione standard.

[2] Le medie seguite da lettere uguali nelle colonne non differiscono secondo il test di Tukey, a un livello di significatività del 5% (p≤0,05).

[3] FFC = barretta di farina di fagioli caupi, FFA = barretta di farina di fagioli andu, FFM = barretta di farina di fagioli mangalô.

Fonte: Autori

Le formulazioni di barrette ai cereali con FFC, FFA e FFM hanno mostrato in generale una buona accettazione sensoriale. Le medie variavano da "indifferente" a "moderatamente gradito" sulla scala edonica strutturale a 9 punti, dimostrando che i prodotti hanno ottenuto risultati simili in tutte le caratteristiche sensoriali valutate.

Sulla base dei dati presentati nella Tabella 6, i campioni non differivano in modo significativo (p<0,05) in termini di aspetto, aroma e consistenza, vale a dire che le formulazioni di barrette di cereali FFC, FFA e FFM erano omogenee in termini di attributi analizzati, con una buona accettazione da parte dei giudici. Tuttavia, sono state riscontrate differenze significative nel sapore e negli attributi qualitativi complessivi (p>0,05).

La formulazione che ha mostrato un'alterazione sensoriale in termini di sapore è stata la barretta ai cereali FFA, con il più basso gradimento (5,58%), dato che i fagioli andu sono apprezzati perché più appetibili. Una possibile spiegazione di questo risultato potrebbe essere l'inefficacia del trattamento termico, che inattiva gli enzimi e migliora il sapore e l'aroma.In termini di qualità complessiva, la barretta di cereali FFM ha mostrato una qualità migliore rispetto alla barretta di cereali FFC, mentre la barretta di cereali FFA non si è differenziata dalle barrette di cereali FFC e FFM.

29

Tra tutte le medie, la caratteristica dell'aroma ha ricevuto i punteggi più bassi, che vanno da "indifferente" a "mi è piaciuto leggermente". Questo risultato evidenzia che il prodotto può essere migliorato. L'aggiunta di materie prime aromatizzanti naturali può migliorare l'aroma del prodotto, poiché questo processo tende ad aggiungere frutta, succhi di frutta, noci o spezie che rendono l'aroma più gradevole.

La scala a cinque punti utilizzata per valutare l'intenzione di acquisto (Figure 13, 14, 15). I risultati mostrano che la maggioranza dei consumatori acquisterebbe sicuramente le barrette di cereali. La Figura 16 mostra i risultati generali ottenuti dall'analisi sensoriale dei tre campioni per il test dell'intenzione d'acquisto, in cui i consumatori hanno espresso la frequenza con cui consumerebbero ciascuno dei campioni.

Figura 13: Risultati del test affettivo in base alla scala di atteggiamento o all'intenzione di acquistare la barretta ai cereali FFC.

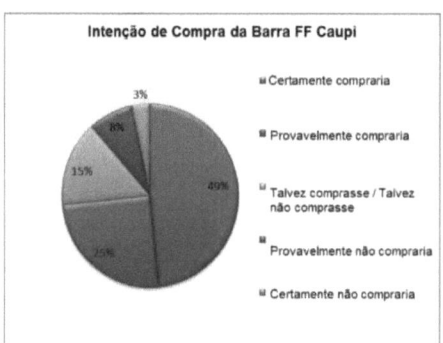

Figura 14: Risultati del test affettivo per scala di atteggiamento o intenzione di acquistare la barretta ai cereali FFA.

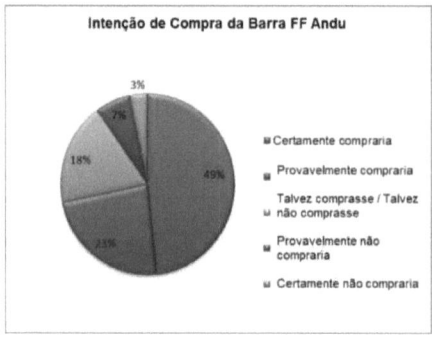

Figura 15: Risultati del test affettivo utilizzando una scala di atteggiamento o di intenzione d'acquisto per la barretta di cereali FFM.

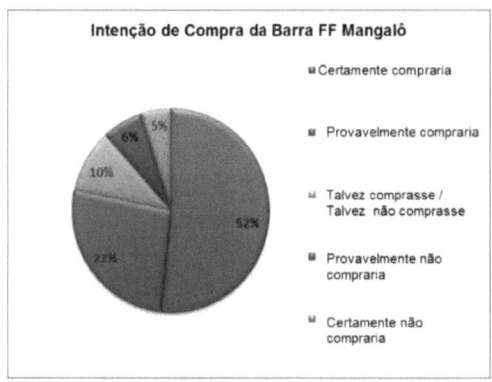

Figura 16: Risultati generali del test affettivo utilizzando una scala di attitudine o intenzione di acquisto di barrette di cereali basata su FFC, FFA, FFM.

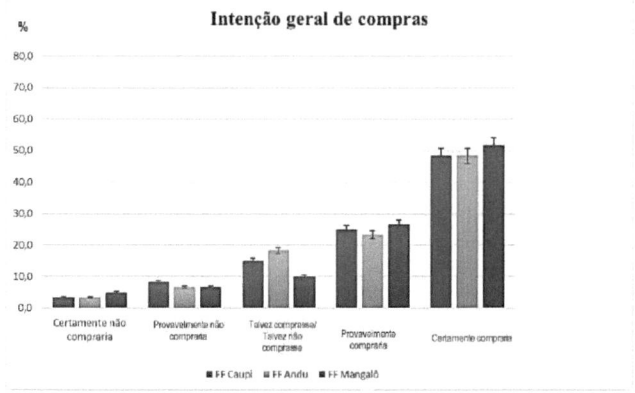

È stato osservato che il 52% dei consumatori ha dichiarato che acquisterebbe sicuramente le barrette ai cereali FFM, rispetto alle barrette ai cereali FFC e FFA, che hanno ricevuto il 49% delle affermazioni. Tuttavia, il 5% dei consumatori ha dichiarato che non acquisterebbe sicuramente le barrette ai cereali FFM, rispetto al 3% delle barrette ai cereali FFC e FFA.

6. CONSIDERAZIONI FINALI

I risultati ottenuti dalle analisi delle barrette di cereali sono stati considerati soddisfacenti, consentendo di concludere che le farine di fagioli caupi, andu e mangalô possono essere utilizzate come ingrediente per la preparazione di barrette di cereali, con la barretta di cereali FFM che ha ottenuto il miglior consenso. L'analisi centesimale delle tre barrette di cereali prodotte ha mostrato la loro ricchezza in nutrienti e calorie.

La tecnica utilizzata per ottenere le farine è di facile applicazione, ma sono necessari studi per determinare le perdite di valore nutrizionale durante la lavorazione del prodotto.

I prodotti sviluppati valorizzano la cultura e le abitudini alimentari locali, aggiungendo una materia prima regionale a un alimento ampiamente consumato nel mercato degli alimenti salutari.

RIFERIMENTI

AHMAD, Mushtaq et al. Una rassegna sull'avena (*Avena sativa* L.) come coltura a duplice uso. **Scientific Research And Essays,** Nigeria, v. 9, n. 4, p.52-59, feb. 2014. ISSN: 1992-2248.

ALMEIDA, Ana Claudia Santana de. **Studio del processo continuo di produzione di zucchero invertito per via enzimatica.** 2003. 99 f. Dissertazione (Master) - Programma post-laurea in Processi Chimici e Biochimici, Ingegneria Chimica, Università Federale di Pernambuco, Recife, 2003.

AZEVEDO, Ruberval Leone; RIBEIRO, Genésio Tâmara; AZEVEDO, Clàudio Luiz Leone. Fagioli Guandu: una pianta multiuso. **Revista da Fapese,** v. 3, n. 2, p.81-86, lug./dic. 2007.

BRASIL. Eduardo Alves Melo (a cura di). **Alimentos Regionais Brasileiros.** 2. ed. Brasilia: Ministério da Saùde, 2015. 484 p. ISBN:978-85-334-2145-5.

BRASILE. Ministero dell'Agricoltura, dell'Allevamento e dell'Approvvigionamento. Istruzione normativa n.° 8, del 2 giugno 2005. Regolamento tecnico sull'identità e la qualità della farina di grano. **Gazzetta Ufficiale della Repubblica Federativa del Brasile,** Brasilia, DF, n. 105, pag. 91, 3 giugno 2005. Sezione 1.

BRASILE. Risoluzione n. 263, del 22 luglio 2005. **Resoluçâo RDC N° 263, de 22 de Setembro de 2005**: Regulamento tènico para produtos de cereais, amidos, farinhas e farelos. Brasile: D.O.U - Diàrio Oficial da Uniao; Poder Executivo, 22 luglio 2005. Disponibile   all'indirizzo: <http://portal.anvisa.gov.br/wps/wcm/connect/1ae52c0047457a718702d73fbc4c6735/RDC_263_2005.pdf?MOD=AJPERES>. Accesso: 18 febbraio 2016.

BRASILE. Legge n. 11.326 del 24 luglio 2006. Stabilisce le linee guida per la formulazione della Politica nazionale per l'agricoltura familiare e le imprese familiari rurali. **Gazzetta Ufficiale della Repubblica Federativa del Brasile,** 25 luglio 2006. Disponibile   all'indirizzo: <http://www.planalto.gov.br/ccivil_03/_ato2004-2006/2006/lei/l11326.htm>. Accesso: 15 maggio 2016.

BRASILE. Ministero della Salute Guida alimentare per la popolazione brasiliana. Brasilia: Ministero della Salute; 2. ed. 175 p., 2014

BRIGID MCKEVITH (Regno Unito). Fondazione britannica per la nutrizione. Aspetti nutrizionali dei cereali. **Nutrition Bulletin,** Londra, n. 29, pag. 111-142, giugno 2004.

CHAVES, Michela Okada; BASSINELLO, Priscila Zaczuk. I **fagioli nell'alimentazione umana**. 2014. Disponibile a:

<http://ainfo.cnptia. embrapa.br/digital/bitstream/item/ 123450/1/p15.pdf>. Accesso: 06 giugno 2016.

CECCHI, H. M. **Fondamenti teorici e pratici dell'analisi degli alimenti**. Campinas: Editora Unicamp. 2^a ed. 2007

COUTINHO, Ana Paula Cerino. **Produzione e caratterizzazione di maltodestrine da amidi di manioca e patata dolce**. 2007. 151 f. Tesi (Dottorato) - Corso di Agronomia, Universidade Estadual Paulista "Julio de Mesquita Filho", Botucatu, 2007.

DEGÀSPARI, Clàudia Helena; BLINDER, Elsa Wasserman; MOTTIN, Fatima. Profilo nutrizionale dei consumatori di barrette di cereali. **Visâo Acadêmica,** Curitiba, v. 9, n. 1, p.49-61, mar. 2008. ISSN 1518-5192.

STATI UNITI. Food and Drug Administration. Dipartimento della Salute e Servizi per l'uomo. **Maltodestrina.** 2015. Disponibile a:

https://www.accessdata.fda.gov/scripts/cdrh/cfdocs/cfcfr/cfrsearch.cfm?fr=184.1444 > . Accesso: 30 marzo 2016.

FERREIRA, Carlos Magri; PELOSO, Maria José del; FARIA, Luis Clàudio de. Coltivazione di fagioli comuni: mercato e commercializzazione. **Embrapa Rice and Beans,** v. 2, gennaio 2003.

INGREDIENTI ALIMENTARI BRASILE. **Emulsionanti**. 2013. Disponibile all'indirizzo: <http://www.revista-fi.com/materias/324.pdf>. Accesso: 29 maggio

2016.

FRAGON. **lecitina di soia in polvere**. Materiale tecnico prodotto da Fragon. Disponibile all'indirizzo: <http://cdn.fagron.com.br/doc_prod/docs_10/doc_929.pdf>. Accesso: 22 marzo 2016.

FREIRE FILHO, Francisco Rodrigues; ROCHA, Maurisrael de Moura. **Grani verdi**. Preparato dall'Agenzia Embrapa per l'informazione tecnologica. Disponibile all'indirizzo: <http : //www.agencia. cnptia.embrapa. br/gestor/feij ao-caupi/arvore/CONTAG01 _ 76_510200683537.html>. Accesso: 30 marzo 2016.

FREITAS, Antônio Carlos Reis de. **L'importanza economica dei cowpea**. 2011. Preparato da: Agenzia Embrapa per l'informazione tecnologica.

Disponibile all'indirizzo: <http://www.agencia.cnptia.embrapa.br/gestor/feij ao - caupi/arvore/CONTAG01_14_ 510200683536.html>. Accesso: 23 marzo 2016.

FROTA, Karoline de Macêdo Gonçalves et al. Impiego della farina di cowpea (*Vigna unguiculata* L. Walp) nella preparazione di prodotti da forno. **Food Science And Technology (campinas),** Campinas, v. 30, p.44-50, maggio 2010.

GALLI, D. C.; BILHALVA, A. B.; RODRIGUES, R. S.; RODRIGUES, L. S.

Influenza della composizione dello sciroppo sulle caratteristiche fisico-chimiche delle pesche sultanine. **Revista Brasileira de Agrociência**, v. 2, n. 3, p. 179-182, settembre/dicembre 1996.

GARDEN-ROBINSON, J.; MCNEAL K.All About Beans. NDSU - Università statale del Nord Dakota, 16 pagine, 2013.

GÓES, A. C. P., CAVALCANTEE. S. Il cowpea in numeri. Embrapa Amapa. 2013. Disponibile all'indirizzo: <https://www.infoteca.cnptia.embrapa.br/ bitstream/doc /975559/1/CPAFAP2013FolderOFEIJAOCAUPIEMN UMEROSPA

RAPUBBLICAZIONE.pdf>Accesso: 19 mar. 2016

GOWDAK, M. M. G. Contenuto di sodio negli alimenti < http://www.sbh.org.br/geral/ actualidades-teor- de-sodio-na-alimentacao.asp>

Consultato il: 11 mar 2018

GUILHOTO,Uoaquim et al. **A Importância da Agricultura Familiar no Brasil e em seus Estados (Il PIL dell'agricoltura familiare in Brasile e nei suoi Stati)**, 2007. 5° incontro nazionale dell'Associazione brasiliana di studi regionali e urbani, 2007.

GUIMARÂES, M. M.; SILVA, M. S. Qualità nutrizionale e accettabilità delle barrette di cereali con aggiunta di frutta murici-passa. **Revista do Instituto Adolfo Lutz**, San Paolo, v.68, n.3, p.426-433, 2009.

GUTKOSKI, L.C. et al. Sviluppo di una barretta di cereali a base di avena con un elevato contenuto di fibre alimentari. **Ciência e Tecnologia Alimentos**, Campinas, v.27, n.2, p. 355-363, 2007.

GUTKOSKI, L.C.; TROMBETTA, C. Valutazione del contenuto di fibra alimentare e di glicani in cultivar di avena. **Ciência e Tecnologia de Alimentos**, v. 19, n. 3, p. 387-390, 1999.

HAMMOND, Earl G. et al. Olio di soia. In: SHAHIDI, Fereidoon. **Bailey's Prodotti industriali a base di olio e grassi:** Prodotti a base di olio e grassi commestibili: Chimica. 6. ed. New Jersey: John Wiley & Sons, 2005. Cap. 13. p. 577-642.

Società di ricerca agricola di Minas Gerais. **Ortaggi non convenzionali**: un'alternativa per diversificare l'alimentazione e il reddito degli agricoltori familiari del Minas Gerais. Minas Gerais: Dipartimento delle pubblicazioni, 20015. 24 p.

IBGE. Indagine sui bilanci delle famiglie 2008-2009: **analisi dei consumi Alimentazione personale in Brasile**. Rio de Janeiro: Istituto brasiliano di geografia e statistica, 2011.

ISTITUTO ADOLFO LUTZ. **Normas Analiticas do Instituto Adolfo Lutz**: Métodos quimicos e fisicos para Anâlise de alimentos. 3. ed. San Paolo: 2005

LIMA, Eliza Dorotea P. de A. et al. (Org.). Il **fagiolo verde (*Vigna unguiculata* (L.)**

36

Walp.): Aspetti post-raccolta, lavorazione minima, lavorazione in scatola. Joao Pessoa: Università, 2004.

LOUIZE, Jaqueline. **Barrette ai cereali, barrette proteiche, barrette energetiche, barrette dietetiche, barrette light, ... conoscere le differenze, le insidie, quelle 100% vegetali (vegane) e quali vale la pena mangiare.** Disponibile all'indirizzo: <http://ecocheervegan.com/nutricao-vegetariana/191-   conhecera-as-barras-de-cereais>. Consultato il: 05 apr. 2016

MARQUES, Tamara Rezende. **Utilizzo tecnologico degli scarti dell'acerola:** farine e barrette di cereali. 2013. 103 f. Master - Corso di Agrochimica, Università Federale di Lavras, Lavras - Mg, 2013.

MARQUEZI, Milene. **Caratteristiche fisico-chimiche e valutazione delle proprietà tecnologiche del fagiolo comune (*Phaseolus vulgaris L.*).** 2013. 115 f. Dissertazione (Master) - Corso di specializzazione in Scienze dell'Alimentazione, Centro di Scienze Agrarie, Università Federale di Santa Catarina, Florianólolis, 2013.

MIZUBUTI, I.Y. et al. Valutazione dell'uso di fagioli guandu (Cajanus cajan (L) Millsp) macinati e crudi sugli indici di produttività indiretta dei polli da carne. **Semina Ciências Agràrias,** Londrina, v. 16, n. 1, p. 56-63, 1995.

NATABIRWA, H.N.; KATENDE D.; LUNG'AHO M.. **Ricette a base di fagioli:** la migliore scelta alimentare per il cuoco avventuroso. Uganda: Laboratori nazionali di ricerca agricola (NARL/NARO), Centro internazionale per l'agricoltura tropicale (CIAT), Pan-Africa Bean Research Alliance (PABRA), 2014. 44 p. Disponibile all'indirizzo: <https://cgspace.cgiar.org/handle/10568/71054>. Accesso: 18 marzo 2016.

NEPA - NÙCLEO DE ESTUDOS E PESQUISAS EM ALIMENTAÇÂO. Tabella di composizione degli alimenti brasiliani (TACO). 4ª edrev. e ampl. Campinas: NEPA - UNICAMP, 2011. 161 p.

OETTERER, Marilia; SARMENTO, Silene Bruder Silveira. Proprietà degli zuccheri. In: OETTERER, Marilia; REGITANO-D'ARCE, Marisa Aparecida Bismara;

SPOTO, Marta Helena Filetto. **Fondamenti di scienza e tecnologia alimentare.** Barueri: Manole, 2006. Cap. 4. p. 135-192.

FILIPPI, Sônia Tucunduva. Gli zuccheri. In: FILIPPI, Sônia Tucunduva. **Nutrizione e tecniche dietetiche.** 3. ed. Barueri: Manole, 2014. Cap. 14. p. 185-198.

PIOVESANA, Alessandra. **Preparazione e accettabilità di barrette di cereali con vinaccia.** 2011. 59 f. TCC (Programma di Laurea) - Corso di Alta Formazione di Tecnologia alimentare, Istituto Federale di Educazione, Scienza e Tecnologia del Rio Grande do Sul, Bento Gonçalves, 2011.

PODADERA, Priscilla. **Studio delle proprietà dello zucchero liquido invertito trattato con radiazioni gamma e fascio di elettroni.** 2007. 108 f. Tesi (dottorato) - Tecnologia nucleare - Corso di applicazioni, Istituto di ricerca nucleare ed energetica, San Paolo, 2007.

PORTAL BRASIL. L'agricoltura familiare produce il 70% del cibo consumato dai brasiliani. luglio 2015. Disponibile all'indirizzo: <http://www.brasil.gov.br/economia-e- emprego/2015/07/agricoltura-familiare-produce-70-dos-al-alimentos-consumidos-por- brasileiro>. Accesso: 20 marzo 2016.

RIBEIRO, Valdenir Queiroz (a cura di). In: Embrapa Meio-Norte. Coltivazione del cowpea (*Vigna unguiculata* (L.) Walp). **Sistemas de Produçâo.**Teresina, v.2, p.1-110, dic. 2002. ISSN 1678-0256.

RUAS, Joao Figueiredo. Fagioli. In: Companhia Nacional de Abastecimento **Perspectivas Para A Agropecuâria: Safra 2015/2016,** Brasilia, v. 3, p.43-49, jul. 2015. Annuale. ISSN 2318-3241. Disponibile all'indirizzo:

<http : //www.conab .gov.br/OlalaCMS/uploads/arquivo s/15_09_24_11 _44_5 0_perspe ctivas_agropecuaria_2015-16_-_produtos_verao.pdf>. Accesso: 18 marzo 2016.

RUBATZKY, V.E.; YAMAGUCHI, M. **World vegetables**: principles, production and nutritive values. 2a edizione. Chapman & Hall, New York, Stati Uniti. 1997, 843 pp.

SALVADOR, Carlos Alberto. **Fagioli:** analisi della situazione agricola. 2015. In: Segreteria di Stato per l'Agricoltura e l'Approvvigionamento. Disponibile all'indirizzo: <http://www.agricultura.pr.gov.br/arquivos/File/deral/Prognosticos/2016/_feijao_201 5_16.pdf>. Accesso: 18 marzo 2016.

SAMPAIO, Camila Ramos Pinto. **Sviluppo e studio delle caratteristiche sensoriali e nutrizionali di barrette di cereali fortificate con ferro.** 2009. 88 f. Dissertazione (Master) - Programma post-laurea in Tecnologia alimentare, Università federale di Paranà, Curitiba, 2009.

SANTOS, Juliana Ferreira dos**. Valutazione delle proprietà nutrizionali di barrette di cereali prodotte con farina di banane verdi**. 2010. 70f f. Dissertazione (Laurea magistrale) - Corso di Scienze dell'Alimentazione, Università di San Paolo, San Paolo, 2010.

SILVA, Barbara Cristina Dantas da; COSTA, Ana Elisa Del'arco Vinhas. Diagnosi socio-produttiva degli agricoltori familiari membri della cooperativa agricola familiare nel territorio recôncavo di Bahia - Brasile.

COOAFATRE. **Magistra,** Cruz das Almas, v. 24, n. 2, p.151-159, aprile/giugno 2012. ISSN 2236-4420.

SOUSA, Luska Grazielle Macêdo de et al. **Preparazione di una barretta di cereali a base di farina di cowpea (*vigna unguiculata* l. walp).** Disponibile all'indirizzo: <http://leg.ufpi.br/21   sic/Documentos/RESUMOS/Modalidade/PIBITI/Iuska Grazielle.pdf>. Accesso: 14 febbraio 2016.

SOUSA, Viviane. Le **barrette di cereali acquistano forza**. Disponibile all'indirizzo: <http://www.sm.com.br/detalhe/barras-cereais-ganham-forca>. Accesso: 14 febbraio 2016.

TRAMUJAS, Janaina Melati. **Uso di diversi agenti leganti nello sviluppo di barrette di cereali salate con aggiunta di chia (*Salvia hispânica l.*).** 2015. 125 f.

Dissertazione (Laurea Magistrale) - Corso di Tecnologia Alimentare, Università Tecnologica Federale di Paranà Londrina, 2015.

APPENDICE A - Modulo di consenso informato

UNIVERSITA STATALE DI BAHIA - UNEB

DIPARTIMENTO DI SCIENZE DELLA VITA - CAMPUS I

COLLEGIALE DI NUTRIZIONE

MODULO DI CONSENSO INFORMATO

QUESTA RICERCA SEGUE I CRITERI ETICI PER LA RICERCA CON GLI ESSERI UMANI IN CONFORMITA CON LA RISOLUZIONE n. 466/12.

DEL CONSIGLIO NAZIONALE DELLA SANITA

vi invitiamo a partecipare al progetto di ricerca "SVILUPPO DI BARRE DI CEREALI A BASE DI FARINE DI LEGUMI DA PARTE DI AGRICOLTORI FAMILIARI NELLA CITTÀ DI CRUZ DAS ALMAS-BAHIA", il cui obiettivo generale è sviluppare barrette di cereali a base di farine di legumi per aiutare lo sviluppo sociale, economico e sostenibile degli agricoltori familiari della città di Cruz das Almas-Bahia.

Questo è un lavoro di completamento del corso, sviluppato dalla studentessa Camila de Oliveira Barros e supervisionato dalla Prof.ª Dr.ª Katia Elizabeth de Souza Miranda, del Corso di Laurea in Nutrizione del Dipartimento di Scienze della Vita dell'Università Statale di Bahia.

La loro partecipazione è volontaria e si concretizzerà in un'analisi sensoriale delle barrette di cereali sviluppate e nella compilazione di un questionario su sapore, consistenza, aspetto e sull'intenzione di acquistare il prodotto studiato. I campioni saranno pronti per il consumo e i risultati dell'indagine mostreranno il grado di accettabilità delle barrette di cereali. La partecipazione non comporta alcun costo o ricompensa finanziaria per i partecipanti. È possibile ritirare il proprio consenso in qualsiasi momento. Il vostro rifiuto non comprometterà il vostro rapporto con il ricercatore o con l'istituzione. I risultati della ricerca saranno analizzati e pubblicati, ma la vostra identità non sarà rivelata e sarà mantenuta riservata.

RISERVATEZZA DELLA RICERCA: i partecipanti devono garantire la riservatezza **dei** dati coinvolti nella ricerca.

Se siete d'accordo con quanto sopra, siete pregati di firmare il presente "Modulo di consenso informato" nel punto indicato di seguito. Vi ringraziamo in *anticipo per la* vostra collaborazione.

Io ,

Vi comunico che sono stato debitamente informato su ciò che il ricercatore vuole fare e sul motivo per cui ha bisogno della mia collaborazione, e che ho compreso le spiegazioni. Accetto quindi di partecipare alla ricerca di mia spontanea volontà, sapendo che la ricerca è riservata, che non guadagnerò nulla e che posso andarmene quando voglio. Acconsento alla presentazione e alla pubblicazione dei risultati ottenuti in eventi e articoli scientifici, a condizione di non essere identificato. Il presente documento viene rilasciato in due copie, entrambe firmate da me e dal ricercatore, di cui una rimane a ciascuno di noi.

Salvador, _____ 2016

Volontario

Camila de Oliveira Barros Ricercatrice Laurea in Nutrizione UNEB/DCV

Prof. Dr. Katia Elizabeth de Souza Miranda

Supervisore - UNEB/DCV

APPENDICE B - Scheda di test di accettazione e intenzione di acquisto e valutazione dell'accettabilità delle barrette di cereali prodotte da FFM, FFC, FFA

TEST DI ACCETTAZIONE

N ome :Sesso : _____ Età : _____

Assaggiate i campioni codificati da sinistra a destra e, utilizzando la scala sottostante, descrivete quanto vi è piaciuto o meno ogni campione, in base agli attributi elencati.

(9) = Mi è piaciuto molto

(8) = Mi è piaciuto molto

(7) = Mi è piaciuto moderatamente

(6)= Mi è piaciuto molto

(5) = indifferente

(4) = Non mi piace molto

(3)=moderatamente antipatico

(2) = non mi è piaciuto per niente

(1) = estremamente antipatico

Commenti:

Campioni	Attributi				
-	Aspetto	Il sapore	Il sapore	Struttura	Qualità complessiva
-	Aspetto	Il sapore	Il sapore	Struttura	Qualità complessiva
-	Aspetto	Il sapore	Il sapore	Struttura	Qualità complessiva

Intento di acquisto:

N° Campione

Lo comprerei sicuramente _____ _____

Probabilmente lo comprerei _____ _____

Forse lo farei / Forse non lo farei _____ _____

Probabilmente non lo comprerei _____ _____

Di certo non lo comprerei _____ _____

TEST DI ACCETTAZIONE

Nome: Sesso: Età:

Assaggiate i campioni codificati da sinistra a destra e, utilizzando la scala sottostante, descrivete quanto vi è piaciuto o meno ogni campione, in base agli attributi elencati.

(9) = Mi è piaciuto molto

(8) = Mi è piaciuto molto

(7) = Mi è piaciuto moderatamente

(6)= Mi è piaciuto molto

(5) = indifferente

(4) = Non mi piace molto

Campioni	Attributi				
-	Aspetto	Il sapore	Il sapore	Struttura	Qualità complessiva
-	Aspetto	Il sapore	Il sapore	Textuia	Qualità complessiva
-	Aspetto	Il sapore	Il sapore	Struttura	Qualità complessiva

(3)=moderatamente antipatico

(2) = non mi è piaciuto per niente

(1) = estremamente antipatico

Commenti: _____ № Campione

Intento di acquisto:

Lo comprerei sicuramente

Probabilmente lo comprerei

Forse lo farei / Forse non lo farei

Probabilmente non lo comprerei

Di certo non lo comprerei

nomi degli autori

CAMILA DE OLIVEIRA BARROS

http://lattes.cnpq.br/2517848703479650

Studente di Master in Nutrizione e Scienza degli Alimenti con enfasi sull'analisi dei rischi per la salute associati agli alimenti presso l'Université Paris-Saclay (Agroparistech), Francia (2018). Iniziativa scientifica volontaria nel progetto di ricerca sulla biodisponibilità degli alimenti - REBIAL presso l'Università statale di Bahia (2016).Laurea nell'area della nutrizione presso l'Università statale di Bahia (2016). Partecipazione al programma Scienza senza frontiere come borsista CAPES (2014).

KATIA ELIZABETH DE SOUSA MIRANDA

http://lattes.cnpq.br/5053104510054359

Ha conseguito un dottorato di ricerca in Scienze e Tecnologie Alimentari presso l'Università Federale di Paraiba (2011), una laurea in Ingegneria Alimentare presso l'Università Federale di Paraiba (1986) e un master in Scienze e Tecnologie Alimentari presso l'Università Federale di Paraiba (1991). Attualmente è professore ordinario di Educazione di base, tecnica e tecnologica presso l'Istituto federale di Bahia e professore aggiunto presso l'Università statale di Bahia. Ha esperienza nell'area della nutrizione, con particolare attenzione alla tecnologia dei prodotti vegetali, lavorando principalmente sui seguenti argomenti: lavorazione dei vegetali e tecnologia sperimentale nella nutrizione.

WAGNA PILER CARVALHO DOS SANTOS

http://lattes.cnpq.br/7745470765033035

Ha conseguito un dottorato di ricerca in Chimica presso l'Università Federale di Bahia - UFBA (2007), un master in Chimica presso l'UFBA (2003), una laurea in Chimica presso l'UFBA (2001) e

44

una laurea in Tecnologia alimentare presso la Scuola Tecnica Federale di Chimica di Rio de Janeiro, ora IFRJ. Ha insegnato il corso di Tecnico alimentare presso il Centro Federale di Educazione Tecnologica del Paranà - CEFET/PR, ora UTFPR. Attualmente è docente presso l'Istituto Federale di Educazione, Scienza e Tecnologia di Bahia (IFBA). Ha esperienza nel campo della chimica, con particolare attenzione alla chimica analitica, lavorando principalmente sui seguenti argomenti: tecniche spettroanalitiche, ICP OES, preparazione dei campioni, alimenti, legumi ed elementi essenziali e tossici. È stata coordinatrice nazionale del corso sui concetti e le applicazioni della proprietà intellettuale (IP) presso il PROFNIT fin dal suo inizio.

LIGIA REGINA RADOMILLE DE SANTANA

http://lattes.cnpq.br/7289150597211694

Ha conseguito una laurea in Ingegneria alimentare presso l'Università statale di Campinas (1980), un master in Scienze agrarie presso l'Università federale di Bahia (2000) e un dottorato in Ingegneria agraria presso l'Università statale di Campinas (2009). Attualmente è professore ordinario presso l'Università statale di Bahia. Ha esperienza nel campo della scienza e della tecnologia alimentare, con particolare attenzione alla tecnologia dei prodotti di origine vegetale, lavorando principalmente sui seguenti argomenti: analisi sensoriale degli alimenti, lavorazione e stabilità degli alimenti, valutazione fisica, chimica e chimica degli alimenti, raccolta degli ortaggi.

Printed by Books on Demand GmbH, Norderstedt / Germany